Aufruf

zur

Bildung eines forststatischen Vereins,

gerichtet

an die hochverehrliche

Versammlung

der

süddeutschen Forstwirthe

(zu Darmstadt auf Pfingsten 1845)

von

Dr. C. Heyer,

Gr. Hess. Forstmeister und Professor zu Giesen.

Hochzuverehrende Herrn!

Indem ich mir erlaube, Ihre geneigte Aufmerksamkeit für kurze Zeit in Anspruch zu nehmen, beabsichtige ich, Ihre vereinte Thätigkeit einem Fachzweige von der höchsten Wichtigkeit zuzuwenden — dessen gewiß, daß, wenn mein Vorschlag Ihre Zustimmung und kräftige Unterstützung fände, sowohl für die wissenschaftliche Ausbildung unseres Fachs, als auch für dessen rationellere Ausübung unendlich viel gewonnen werden, ja daß für beide eine neue Ära beginnen würde!

Das Wissensgebiet, welches ich Ihrer gemeinschaftlichen Pflege angelegenlichst empfehlen will, ist, wenn auch seinem Namen nach nicht neu, doch seinem Inhalte nach so gut wie unbekannt. Es ist die forstliche Statik oder Verhältniskunde, welche Hundeshagen so passend als die Meßkunst der forstlichen Kräfte und Erfolge definirte.

Wer die hohe Bedeutung dieses Wissenszweigs für die theoretische und praktische Entfaltung unseres Fachs etwa noch verkennen sollte, könnte sie an der dem Forstfache in so vielfacher Beziehung verwandten und so innig verschwisterten Landwirthschaft schätzen lernen. Eine selbst nur oberflächige Bekanntschaft mit dem Entwicklunggange der letzten setzt auser Zweifel, daß erst von dem Zeitpunkte an, als man den statischen Momenten des landwirthschaftlichen Gewerbes gröſere Aufmerksamkeit widmete, als man daran dachte, die bei diesem Produktionprozesse thätigen und anwendbaren mannigfachen Kräfte zu sondern, näher zu analysiren und in ihre einfachen Faktoren zu zerlegen, sie sowohl einzeln, als auch in ihrer gegenseitigen Verbindung nach ihrer relativen Wirksamkeit für den Gesammtzweck zu untersuchen und zu bemessen, den Aufwand für ihre Herstellung und Unterhaltung zu erforschen und ihn mit dem Werthbetrage der durch sie erzeugbaren Produkte in Parallele zu bringen, und endlich die Resultate dieser fruchtbaren Untersuchungen, unter Angabe der entscheidenden örtlichen und sonstigen Verhältnisse, in einem besonderen Fachzweige übersichtlich zusammenzustellen — daß, sage ich, erst von diesem Zeitpunkte an die Emancipation der Landwirthschaft von den Fesseln einer einseitigen Empirie sich datirte, daß dieses Gewerbe eine breitere und wissenschaftlichere Grundlage gewann, daß man die bei ihm wirksamen Kräfte schätzen, ordnen, verwenden und beherrschen lernte, daß der frühere einseitige und mehr aufs Gerathewohl hin geführte Produktionprozeß in einen veredelten Industrieprozeß überging, kurz daß an die Stelle eines ungrundsätzlichen Haushalts eine geregelte Wirthschaft trat. Bleibt auch hier noch gar manches zu wünschen übrig, sind auch die edleren Früchte dieser Forschungen noch lange nicht Gemeingut aller Landwirthe geworden, so liegt doch schon ein groser Gewinn darin, daß dem denkenden Ökonomen ein tieferer Blick in das Wesen seines Gewerbes eröffnet wurde, daß er weiß, wohin er sein Streben nach Vervollkommnung desselben zu richten hat, daß er, gestützt auf das von Andern Erprobte und bekannt mit dem Zwecke und Gange derartiger Untersuchungen, den Kreis seines Wissens durch eigene Forschungen zu bereichern und zu erweitern vermag; und gewiß werden die Segnungen dieser Fortschritte sich, wenn auch nur allmählig, Eingang bei allen Klassen der Landwirthe verschaffen. — Diese partizipiren überdies an den wohlthätigen Rückwirkungen des Einflusses, welchen die Pflege der landwirthschaftlichen Statik auf die den Landwirthschaftbetrieb tangirenden Maasregeln der Staatsregierungen ausübt, wie auf die Vervollkommnung der Gesetze für Landwirthschaftpolicei, für Grundbesteuerung, für Ablösung der Grundlasten ꝛc. ꝛc.

Daß für das Forstfach ganz dieselben Bedürfnisse, ja diese in noch höherem Grade, vorliegen, wie beim Schwesterfache, bedarf keiner näheren Ausführung; es genügt schon die Andeutung der einen Thatsache, daß Mißgriffe im Forstwirthschaftbetriebe, wie in der richtigen Auswahl der Holz-

und Betriebsarten, Umtriebszeiten, Ertrags-Vorausbestimmungen, rc., ihre nachtheiligen Folgen oft auf weiter als ein ganzes Jahrhundert hinaus vererben und die Waldbesitzer wie Waldnutzung-Consumenten gleich sehr treffen.

Werfen wir einen Blick auf unsere forststatischen Sammlungen, so finden wir zwar schon gar Mancherlei vor, müssen aber auch bekennen, daß das Meiste davon einen sehr untergeordneten Werth besitze und gar vieles ganz werthlos sei. Selbst bei den bessern, auf wirkliche Untersuchungen und Erfahrungen basirten, Daten vermissen wir eine genügende Angabe der entscheidenden äuseren Verhältnisse, der Mittel- und Wege, vermöge derer man zu den Resultaten gelangte, eine elementare Zergliederung der letzten — kurz, vermissen alle die unerläßlichen Momente, welche die Brauchbarkeit des Gelieferten für Wissenschaft und Praxis bedingen. Und wie viele der vorhandenen Gaben sind nicht blose Ausflüsse des Raisonements, ohne andere thatsächliche Basis, als die der subjektiven Überzeugung! Zudem finden sich diese Materialien zerstreut durch unsere ganze Literatur hin und gar manches an Orten, wo man es am wenigsten sucht und wo es der Mehrzahl unserer Fachgenossen unzugänglich bleibt.

Schon deshalb erwarb sich Hundeshagen ein bleibendes Verdienst, daß er die Forststatik zuerst (in s. F. Abschätzung, 1826 S. 421) als selbstständigen Zweig unserer Wissenschaft nicht blos in Vorschlag brachte, sondern ihn auch wieder zuerst (in s. Encycl. d. F. Wiss. 1828 Thl. 2) bearbeitete und auserdem in seinen „Beiträgen, forstlichen Berichten und Miscellen“ mit weiteren Materialien bereicherte. Daß jene Arbeit nur unvollständige Skizze blieb, wird kein billiger Sachkundiger, der da weiß, wie wenig der Einzele auf diesem ausgedehnten und schwierigen Felde zu leisten vermag, etwa rügen wollen. Wohl aber könnte es befremden, daß seitdem, nämlich seit fast 20 Jahren, die von Hundeshagen betretene Bahn unverfolgt blieb und daß, abgesehen von einigen Schematisirungen, keine weitere Arbeit aus diesem Bereiche veröffentlicht wurde. Diese Thatsache, zusammengehalten mit den gleichzeitigen Leistungen im Schwesterfache, könnte um so mehr auffallen, als der Forstwirthschaftbetrieb sich fast ausschlieslich in den Händen wissenschaftlich gebildeter Männer befindet, unter welchen überdies ein so reges Streben für ihr Fach sich kund gibt, und welche deshalb zu so viel gröseren Hoffnungen berechtigen.

Die Nichterfüllung dieser Hoffnung erklärt sich jedoch

dem Sachkundigen wieder leicht — einmal daraus, daß die meisten und gerade die wichtigsten forststatischen Untersuchungen mit weit gröseren Schwierigkeiten gepaart sind, als wie die landwirthschaftlichen, ungeachtet der gröseren Mannigfaltigkeit der beim landwirthschaftlichen Industrieprozesse zusammenwirkenden Kräfte, und daß deshalb der einzele Forstwirth so wenig für sich allein zu leisten vermag; — sodann aber auch daraus, daß es noch an einer gründlichen und zugleich die mancherlei unentbehrlichen Hilfmittel enthaltenden Anleitung zur Anstellung derartiger Untersuchungen mangelt, dazu bestimmt, theils diese Forschungen zu erleichtern, theils ein so höchstnöthiges gleichförmiges Verfahren herzustellen, weil ohne diese Gleichförmigkeit die von verschiedenen Personen gesammelten Ergebnisse stets nur einen untergeordneten Werth behalten müssen, indem sie sich nicht gegenseitig unterstützen und ergänzen können.

Die erwähnte gröfere Schwierigkeit der Untersuchungen offenbart sich schon bei der Ermittelung der beiderseitigen Produktenerträge. Der Landwirth bedarf — bei der kurzen, meist nur 1jährigen, Dauer der vollen Entwickelung der Feldkrescentien — nur einer kleinen Fläche Landes, um auf dieser binnen weniger Jahre derartige Untersuchungen für eine ganze Reihe von Gewächsarten abschliesen zu können. Nicht so der Forstwirth. Die Saat- und die volle Erntezeit der Holzbestände bilden die Endpunkte eines oft 100 und mehr Jahre umfassenden Zeitraumes. Der Gang und die Gröse des Massezuwachses für die Einzeljahre dieses langen Zwischenraums sind hier nicht direkt erhebbar; man muß stets unsichere Schlüsse, entweder in eine frühe und unbekannte Vergangenheit, oder in eine ferne und ebenso dunkle Zukunft wagen. Der bekannte Ausweg zur Ergänzung der Masseglieder für die übrigen Bestandalterstufen, durch Aufsuchen der letzten an anderen Stellen von übereinstimmender Standortsbeschaffenheit, bleibt — abgesehen von seiner Unsicherheit an sich — für die meisten Forstwirthe schon darum unpraktikabel, weil selbst gröfere und gut beschaffene Forste selten nur die allernothwendigsten Holzalterstufen zur Anfertigung einer Zuwachstafel blos für eine einzige Holz- und Betriebsart und Bonität darbieten, geschweige denn für die verschiedenen Holz- und Betriebsarten und bei beiden wieder für die so zahlreichen Bonitätstufen! —

Diese einzige Thatsache spricht wohl genügend dafür, daß die materielle Ausbildung der Forststatik nur allein von dem kräftigen Zusammenwirken einer recht grosen Anzahl praktischer Forstwirthe und zwar auf die Grundlage eines gemeinsamen Operationplans hin mit Sicherheit erwartet werden kann. Von dieser Überzeugung völlig durchdrungen, erlaube ich mir, an Sie, hochzuverehrende Herrn, die dringende Bitte zu richten, daß Sie sich für jenen Zweck vereinen und demselben Ihre Kräfte widmen möchten. Sie würden damit unfehlbar einen neuen und wichtigen Abschnitt in unserer Wissenschaft begründen!

Das Gebiet der Forststatik ist jedoch ein so weit ausgedehntes und in sich so reichhaltiges, daß es vor der Hand, und bis erst eine noch grösere Zahl Mitarbeiter gewonnen sein wird, nicht rathsam erscheinen dürfte, die ganze Kultur desselben in gleichmäsigen Angriff zu nehmen. Eingedenk der bewährten Erfahrung, daß, wer zu viel auf einmal unternimmt, nur seine Kräfte zersplittert und sein Ziel leicht ganz verfehlt, dünkt es mir gerathener, vorläufig unsere Thätigkeit nur auf einen kleineren, wiewohl den wichtigsten, Theil jenes Gebietes vorzugweise zu konzentriren, ohne jedoch dabei die übrigen Zweige der Forststatik ganz bei Seite zu setzen. Der Theil nun, welcher mir dieser vorzugweisen Pflege werth zu sein scheint, ist: die Erforschung der Waldproduktenerträge, an Holz und Nebennutzungen, masgäblich der verschiedenen Holz-, Betriebs- und Waldbehandlung-Arten, Umtriebszeiten und Standorsgüten, mit besonderer Berücksichtigung des Einflusses, welchen der Bezug mancher Nebennutzungen, wie Harzscharren, Streu, Hute ꝛc. auf den Holzzuwachs ausübt. — Sie, meine hochgeehrtesten Herrn, werden eine nähere Darlegung der Wichtigkeit derartiger Untersuchungen von mir nicht erwarten; Ihnen Allen ist es nur zu wohl bekannt, daß das zu suchende Material die Hauptgrundlage des gesammten forstlichen Industrieprozesses abgibt und daß ohne dasselbe ein rationeller Forstwirthschaftbetrieb gar nicht denkbar ist.

Dafür wollen Sie mir einen kurzen Nachweis dessen gestatten, daß das bis daher gesammelte Material dem Bedürfnisse durchaus nicht genüge. Ich will mich dabei nur auf die Holzertragstafeln beschränken und die Waldnebennutzungen und deren Rückwirkung auf den Holzzuwachs ganz übergehen, obschon unsere Kenntnisse in letzter Beziehung noch lückenhafter erscheinen.

Die Unzulänglichkeit der bekannten Holzzuwachstafeln für Wissenschaft und Praxis folgt schon aus einer gegenseitigen Vergleichung der gleichartigen Ertragsangaben. Man gewahrt beträchtliche Abweichungen sowohl in der absoluten Gröse der Massebeträge, als auch in dem Zuwachsgange durch die Bestandalterstufen hin, so daß bei einerlei Holzart und Bonität der höchste Durchschnittzuwachs bald früher bald später eintritt, sich längere oder kürzere Zeit auf gleicher Stufe erhält und dann bald rascher, bald langsamer wieder sinkt, während Andere diese Durchschnitterträge fortwährend steigen und noch Andere sie abwechselnd steigen und fallen lassen. Dabei vermissen wir häufig die Zwischennutzung-Beträge, die so nöthige Gliederung der Massen nach Sortimenten oder, wenn auch diese gegeben, die Maasabstände der Sortimente. Die Reismasse ist bald aufgenommen, bald nicht und das Wurzelstockholz fehlt fast durchgängig.

Eine selbstständige Prüfung der Daten wird durch die Unbekanntschaft der Mittel und Wege, durch welche man zu jenen gelangte, geradezu unmöglich gemacht. Man kennt nicht die einflusreiche Gröse und Form der gewählten Probeflächen; man weiß nicht, ob ihre Lage eben oder geneigt oder selbst steil war. Man erfährt nichts über die innere Beschaffenheit und die Lebensgeschichte der Probestände; nichts über die Art ihrer Begründung; ob durch natürliche oder künstliche Kultur, und in jenem Falle: ob durch Schlag- oder Femelbetrieb; nichts über das Maas des Bestandsschlusses; nichts darüber, ob der Bestand und von wann an und in welchen Zwischenräumen regelmäsig durchforstet worden, ob er durch Streuentzug, Viehhute 2c. 2c. gelitten oder nicht. Gleich unbekannt ist uns meist das bei der Masseaufnahme eingehaltene Verfahren — das bei der Klassifizirung der Stämme, das Abstandsmaas der Klassen, die Bodenhöhe, in welcher es und wie es genommen worden; die Klassestämmezahl; die Art der Auswahl der Modellstämme und deren Zahl; das Verfahren bei ihre Masseermittelung, nämlich ob durch unsichere Okularschätzung, oder durch Anwendung der nicht minder unsicheren Reduktionzahlen, oder durch spezielle Ausmessung; und im letzten Falle: die Länge der Sektionen, die Stelle und die Art der Stärkemaasnahme; die Hilfmittel bei der Gehaltsberechnung selbst, insbesondere auch beim Reis- und Stockholze; die Stockhöhe über den Tagwurzeln; das Verfahren bei der Ermittelung der Bestandsalter, bei der Reduktion der Bestandsmassen auf gleiche

Zeitabschnitte, bei der Interpolirung fehlender Zwischenglieder 2c. 2c.

Aus dieser grosen Menge von Desiderien, deren Erfüllungweise man nothwendig kennen muß, um den Werth der Ertragsresultate beurtheilen zu können, will ich nur eins hervorheben: die richtige Bestimmung der wahren Bestandsalter, ohne welche die auch noch so genau erhobenen Bestandsmassen fast alle und jede Bedeutung verlieren müssen. Nun kann man sich aber leicht davon überzeugen, daß bei dem gewöhnlichen Verfahren — wenn man nämlich die Schäfte einen Fus hoch und höher über dem Boden absägen läßt und auf diesen Sägeschnitten dann ohne weiteres und mit unbewaffnetem Auge die Ringe zählt — meist um 20 und mehr Jahre bei anfangs langsam wüchsigen Holzarten, wie Buchen, Eichen, Fichten, Tannen 2c. und zumal auf mageren Standorten, gefehlt wird, und das selbst bei durchaus gleichaltrigen Beständen, dann aber oft noch um weit mehr, wenn die Bestände aus ungleichaltrigen Stämmen zusammengesetzt sind, wie das bei vielen unserer älteren und noch aus dem Femelbetriebe herstammenden Hochwäldern gewöhnlich ist. Die nachtheiligen Wirkungen eines solchen Fehlers beschränken sich nicht etwa blos auf die absolute Gröse der Durchschnitterträge, sondern sie erstrecken sich auch auf den Zuwachsgang, weil sie sich nicht gleichmäsig über die Bestandsalterstufen hin vertheilen. So würde z. B. für 2 gleichartige Bestände, wovon der Eine 50, der Andere 100 Jahre wirklich alt wäre und jeder einen gleichen Durchschnittzuwachs von 100 Kbfs pro Morgen auswiese, — dann, wenn man das Alter beider um 20 Jahre zu niedrig bestimmt hätte, sich ein Durchschnittzuwachs berechnen für den jüngeren Bestand von 167 Kbfs, für den ältern von 125 Kbfs, mithin der Fehler bei jenem fast dreimal so gros werden, wie bei diesem. —

Endlich vermissen wir bei fast allen Zuwachstafeln die Angabe der Hauptfaktoren der Bestandsmasseprodukte, wie die prädom. Stammzahl (pro Morgen), die summarische Schaftkreisfläche (in einerlei Bodenhöhe) und die mittle Beständshöhe. Die Bedeutsamkeit dieser Faktoren für die Ableitung allgemeiner Zuwachsgesetze habe ich schätzen zu lernen Gelegenheit gehabt. Es ist mir gelungen, für diejenigen Holzarten, auf welche ich meine Ertragsuntersuchungen vorzugsweise ausdehnte, dergleichen Gesetze abzuleiten, welche der Wissenschaft und Praxis groses

Interesse versprechen. Dabei erlaube ich mir zwei Punkte hervorzuheben: — einmal, daß die fraglichen Gesetze keineswegs die Ergebnisse einer blosen Schlußfolgerung a priori sind, sondern daß sie durchaus aus der Erfahrung, nämlich aus den Resultaten der ohne Rücksicht auf sie angestellten Ertragsuntersuchungen erst nachträglich abgeleitet wurden; — sodann: daß sie, ungeachtet der Übereinstimmung der genannten 3 Faktoren (Stammzahl, Kreisflächensumme und Bestandshöhe) von den Produkten der bekannten Walzensätze gänzlich abweichen und zugleich einen weiteren Beleg für die Unbrauchbarkeit dieser Reduktionzahlen abgeben.

So sehr nun auch schon die bisherigen Ausstellungen die innere Richtigkeit und Zweckdienlichkeit der bekannten Zuwachstafeln in Zweifel stellen, so besteht doch noch ein weiterer Mißstand, welcher allen vorerwähnten zusammengenommen das Gleichgewicht zu halten vermag. Es beruht in der ungenügenden Bestimmung und Bezeichnung der angenommenen Standortsgütestufen, als der Hauptgrundlage aller Ertragstafeln. Bekanntlich kommen die zur Anfertigung nur einer einzigen solchen Tafel unentbehrlichen Bestandsalterstufen, zumal bei Hochwäldern, nirgends so nahe neben einander vor, daß man einer völligen Übereinstimmung aller Standortsverhältnisse sicher sein könnte; vielmehr müssen die korrespondirenden Probeflächen meist in weiten Entfernungen von einander aufgesucht und können trotz dem, selbst in ausgedehnten und vollbestandenen Forsten, oft kaum nur in der nothdürftigsten Anzahl gefunden werden. Bei diesem Verfahren entbehrt man aber aller und jeder Gewißheit über die nothwendige Gleichförmigkeit der Bonitätverhältnisse. Denn worin bestände die Bürgschaft für diese Gleichförmigkeit? Ruht nicht unsere forstliche Bodenkunde und Klimatologie noch als unmündiges Kindlein in der Wiege? Kennen wir von den zahlreichen Faktoren der Baumvegetation etwa viel mehr, als die blosen Namen? — Allerdings bezeichnen uns die Lehrbücher das Pflanzenprodukt als die Wirkung dreier zusammengesetzter Kräfte — des Bodens, der Lage und des örtlichen Klima's. Sie benennen uns als die einfachen Faktoren der Boden-Thätigkeit: die oberflächige Bekleidung, den mineralischen und organischen Bestand, den Schichtenwechsel, den Grad der Lockerheit und Tiefgründigkeit, nebst der Art des Untergrunds; des Vermögens: Feuchtigkeit und Wärme in sich aufzunehmen und zu halten, Gase und Dämpfe aus der

Atmosphäre zu absorbiren, elektro-galvanische Prozesse zu erwecken und zu verbreiten rc. Sie machen den Einflus der Lage abhängig von der nördlichen Breite und der östlichen Länge, von der Meereshöhe, von der Neigung nach einer der Weltgegenden, von dem Grade dieser Neigung, von der Form, Ausdehnung und Richtung der Gebirge und Thäler, von dem gröseren oder minderen Schutze durch nähere oder fernere Umgebung rc. Sie finden die Wirkungen des örtlichen Klima's in den Extremen und in den Mitteln der Luft- und der Bodentemperatur, in der jährlichen Vegetationdauer, in der Menge des jährlich niederfallenden Meteorwassers und dessen zeitlicher Vertheilung, in den vorherrschenden Winden, in der Neigung zu Spät- und Frühfrösten rc. rc. Das Alles klingt recht artig und gelehrt obendrein. Wer aber hätte den Effekt nur eines einzigen aus dieser langen Reihe von Faktoren auf die gesammte Baumvegetation, oder nur auf eine einzige Holzart, auch schon untersucht und bemessen? — Niemand, meines Wissens! — Und wie steht es um unsere Kenntnis von der Gesammtwirkung aller dieser Kräfte in ihren gegenseitigen, so unendlich verschiedenen quantitativen und qualitativen Verbindungen, wobei die Thätigkeit des Einen durch den Einflus der Andern so mannigfach modificirt, bald gehoben, bald gelähmt, bald ganz unterdrückt wird? — Sind wir offen, geben wir der Wahrheit ihren gebührenden Zoll: — wir kennen von allem dem wenig mehr als nichts! Der Standpunkt unserer Waldbonitirer ist so ziemlich der der alten Auguren, bei denen man sich wunderte, wie sie einander hätten ansehen können, ohne über ihre gegenseitige Unkenntnis zu lachen.

Befinden wir uns aber, wie wohl nicht zu verabreden, wirklich in dieser schlimmen Position, so ist es auch gewiß hoch an der Zeit, die nöthigen Maasregeln zu ergreifen, um uns derselben baldthunlichst zu entziehen. Wir müssen der herrschenden Ansicht, als seie die genaue Ermittelung und die verständliche Bezeichnung der Bonitätstufen, eine schon wohlbekannte und leicht zu lösende Aufgabe, entschieden entgegentreten, müssen die Mangelhaftigkeit unserer desfallsigen Kenntnisse unumwunden aussprechen, uns zugleich bemühen, diese verderbliche Lücke in unserer Wissenschaft möglichst baldig und vollständig auszufüllen, und müssen deshalb unsere Untersuchungen, anstatt einseitig nur auf die Gröse der Naturalerträge, gleichzeitig auch auf die Erforschung und Bemessung der Standortsgütefaktoren richten. Dann genügt aber auch der bisher betretene Weg zur Sammlung der Materialien für unsere Zuwachstafeln nicht, sondern wir müssen einen andern einschlagen, welcher zu jenem Doppelziele hinleitet.

Als der zweckdienlichste an und für sich würde sich wohl, nach dem jetzigen Umfange unseres Wissens, der empfehlen, wenn man zureichend grose Flächen, jede in sich von möglichst gleichförmiger Beschaffenheit in Bezug auf Boden, Lage 2c., auswählte, und darauf die Haupt-Holz- und Betriebsarten gleichzeitig neben einander anzöge, um den Zuwachs-Gang und Betrag einer jeden fortlaufend von Jahr zu Jahr genau zu untersuchen. Würden nun derartige Anlagen und Untersuchungen gleichzeitig an verschiedenen Orten von abweichenden Standortsbeschaffenheiten vorgenommen und letzte zugleich allen ihren wesentlichen Eigenthümlichkeiten nach vollständig und genau erforscht und beschrieben, so wäre in einer gröseren Anzahl solcher Resultate sicher das brauchbarste Material dazu geliefert, einmal: um das relative Entwickelungverhältnis und Ertragsvermögen der verschiedenen Holz- und Betriebsarten auf gleichen und abweichenden Bonitätstufen zu bemessen; sodann aber auch: um rückwärts in diesen Erträgen Aufschlüsse über die relative Wirksamkeit der Bonitätfaktoren zu gewinnen und so zugleich zu einer allgemein verständlichen Diagnose der verschiedenen Bonitätstufen zu gelangen. — Allein bei diesem Verfahren würden wir erst sehr spät, erst nach 100 und mehr Jahren, ein Ziel erreichen, dessen wir jetzt schon so dringend bedürfen. Im Interesse der Gegenwart müssen wir daher einen kürzeren Ausweg wählen, welcher uns die Vortheile jenes weitläuftigeren Verfahrens möglichst zu sichern verspricht. Diesen Ausweg erblicke ich nun darin, daß man nicht, wie bisher, die Probeflächen vereinzelt aussucht, sondern jedesmal solche Stellen wählt, woselbst wenigstens **zwei** vollkommne Bestände — verschieden entweder nach Alter oder Holz- oder Betriebsart, jenachdem die Untersuchung entweder auf den zeitlichen Zuwachsgang einer und derselben Holzart, oder auf die Vergleichung der Masseerträge zweier verschiedener Holz- oder Betriebsarten auf einerlei Bonität gerichtet ist — so nahe bei einander vorkommen, daß man der Übereinstimmung aller Standortsverhältnisse auf beiden Flächen gewiß sein kann. Die Übereinstimmung in Betreff der inneren Beschaffenheit des Bodens, wie der Tiefgründigkeit 2c. 2c.

wäre dann noch durch zahlreiche Einschläge näher zu ermitteln. Daß in dem Falle, wenn die beiden Bestände unmittelbar zusammengränzen, die zwei Probeflächen nicht bis zur gemeinschaftlichen Gränzlinie vorgerückt werden dürften, sondern von dieser so weit entfernt bleiben müßten, um die abnormen Randbäume auszuschliesen, bedarf wohl kaum der Erwähnung. Nur wenn der Einflus abweichender Lagen, wie der verschiedenen Höhenlagen oder Expositionen, auf den Zuwachs-Gang oder Betrag direkt zu erforschen wäre, müßte wohl die nahe Zusammenrückung der korrespondirenden Probeflächen unterbleiben, immerhin aber dafür gesorgt werden, daß die übrigen Standortsverhältnisse auf jenen Flächen möglichst harmonirten.

Wie nun leicht abzusehen, bedürfte es einer sehr beträchtlichen Menge solcher komparativer Doppelprobeflächen, wenn durch sie derselbe Zweck erreicht werden soll, wie durch das zuerst erwähnte Verfahren. Hieraus folgt wieder die Nothwendigkeit vieler zusammenwirkender Mitarbeiter, um so mehr, als die Gelegenheiten zu dergleichen Zwillings-Untersuchungen in unseren Forsten nichts weniger, als häufig, vorzukommen pflegen. In der gröseren Zahl der Theilnehmer spricht sich wieder das Bedürfnis eines gemeinsamen und genau bestimmten Operationplans aus, zur Bewirkung eines gleichförmigen Verfahrens, ohne welches die gewonnenen Resultate kaum einigen Nutzen gewähren würden. Ein weiteres Erfordernis dazu ist die Übereinkunft über ein bei diesen Untersuchungen zu Grunde zu legendes gemeinschaftliches **Maas**, namentlich Fus- und Morgenmaas, wozu sich aus mehrfachen Gründen das Preussische Fus- und Morgenmaas empfehlen möchte*). Dagegen dürfte eine Vereinbarung über ein gemeinschaftliches Gewicht und Hohlmaas weit weniger nöthig, ja vielleicht nicht einmal räthlich erscheinen.

Möchten Sie, meine hochgeschätzten Herrn, in diesen kurzen Andeutungen eine genügende Motivirung folgender Anträge erblicken:

Die gegenwärtige verehrliche Versammlung der süddeutschen Forstwirthe wolle

---

*) Diesen Antrag werde ich bei einer etwaigen Diskussion über den fraglichen Gegenstand näher zu begründen suchen.

1) beschliesen, daß forststatische Untersuchungen und vorzugweise solche über die Ertragsfähigkeit der Wälder an Haupt- und Nebenprodukten, einen Hauptzweig ihrer künftigen Wirksamkeit bilden solle.

2) Sie wolle sich vereinigen über ein bei diesen Untersuchungen anzuwendendes gemeinschaftliches Fus- und Morgen-Maas, wozu der Antragsteller das K. Pr. Fus- und Morgenmaas in Vorschlag zu bringen sich erlaubt.

3) Sie wolle aus ihrer Mitte eine, etwa aus 3 Gliedern bestehende, Commission erwählen, mit der Auflage:

a) eine zum Drucke zu befördernde, genaue Anweisung zu derartigen Untersuchungen auszuarbeiten, und solche zugleich mit den dabei nöthigen Hilfmitteln und deren Gebrauchsanweisung auszustatten*) — theils zur Sicherung eines gleichförmigen und erschöpfenden Verfahrens, theils zur Abkürzung und Erleichterung des Untersuchunggeschäfts;

b) die Untersuchungresultate von den Mitarbeitern in Empfang zu nehmen, sie zu revidiren und nöthigenfalls deren Vervollständigung zu veranlassen, die Ergebnisse übersichtlich zusammenzustellen, solche bei den Jahresversammlungen der verehrlichen Gesellschaft mitzutheilen, dabei auf die noch bleibenden Lücken aufmersam zu machen

*) Hierher rechne ich, unter Anderem, die Beschreibung und Gebrauchsanweisung der Werkzeuge zum Abstecken der Probeflächen, zum Messen der Elevationwinkel und der Höhenlage, zur Ermittelung der Holzmassen-Gehalte, zumal von Reis- und Stockholz ꝛc.; — sodann genaue Kreisflächentabellen für Umfänge und Durchmesser, incl. einer solchen, woraus die Kreisflächen-Summe von allen Stämmen eine Klasse unmittelbar erhoben werden kann; eine Tabelle über die Holzgehalte der Sektionen von der angenommenen Normallänge; eine weitere zur Berechnung der Meereshöhen auf die Grundlage der beobachteten Barometer- und Thermometerstände ꝛc.; ferner Reduktionszahlen zur Verwandlung des Normalmaases in die betr. Landesmaase ꝛc. ꝛc. — Wer sich mit derartigen Untersuchungen schon beschäftigt hat, verkennt gewiß nicht den wesentlichen Nutzen dieser Hilfmittel sowohl für die Abkürzung und Erleichterung des Geschäfts, als auch für die Sicherstellung der Resultate.

und zugleich die von ihr oder andern Mitarbeitern ausgehenden Vorschläge zur Verbesserung und Vervollständigung der unter a erwähnten Instruktion der Prüfung der Versammlung zu unterwerfen.

Gedruckt bei G. D. Brühl I. zu Giesen.

FSC
www.fsc.org
MIX
Papier | Fördert
gute Waldnutzung
FSC® C083411

Zeitfracht Medien GmbH
Ferdinand-Jühlke-Straße 7
99095 Erfurt, Deutschland
produktsicherheit@kolibri360.de